目　次

前言 …… Ⅲ
引言 …… Ⅳ
1　范围 …… 1
2　规范性引用文件 …… 1
3　术语和定义 …… 1
4　总则 …… 2
4.1　目的任务 …… 2
4.2　工作内容 …… 3
4.3　监测工作程序与现场调查 …… 3
4.4　监测设计要求 …… 3
4.5　监测基本要求 …… 4
5　监测分级 …… 5
5.1　一般规定 …… 5
5.2　地质灾害危害等级划分 …… 5
5.3　地质灾害地表变形监测级别划分 …… 6
6　监测项目与监测网点 …… 7
6.1　一般规定 …… 7
6.2　地质灾害地表变形监测项目 …… 8
6.3　地质灾害地表变形监测控制网布设 …… 9
6.4　地质灾害地表变形监测网布设 …… 10
7　监测方法 …… 11
7.1　一般规定 …… 11
7.2　水平角观测 …… 12
7.3　水准测量 …… 13
7.4　电磁波测距三角高程测量 …… 15
7.5　GNSS 测量 …… 15
7.6　裂缝变形观测 …… 16
7.7　地面倾斜观测 …… 16
8　监测控制网测量 …… 17
8.1　一般规定 …… 17
8.2　监测控制点埋设 …… 17
8.3　平面控制网测量 …… 18
8.4　高程控制网测量 …… 19
9　水平位移观测 …… 19
9.1　一般规定 …… 19

9.2 水平位移观测点埋设 …… 19
9.3 水平位移观测点精度 …… 19
9.4 水平位移观测技术要求 …… 20
10 竖向位移观测 …… 21
10.1 一般规定 …… 21
10.2 竖向位移观测点埋设 …… 21
10.3 竖向位移观测点精度 …… 21
10.4 竖向位移观测技术要求 …… 22
11 裂缝变形观测 …… 22
11.1 一般规定 …… 22
11.2 裂缝变形观测点埋设 …… 22
11.3 裂缝变形观测技术要求 …… 23
12 地面倾斜观测 …… 24
12.1 一般规定 …… 24
12.2 地面倾斜观测点埋设 …… 24
12.3 地面倾斜观测技术要求 …… 24
13 监测数据处理与成果整理 …… 24
13.1 一般规定 …… 24
13.2 监测数据记录 …… 25
13.3 数据处理 …… 25
13.4 监测报告 …… 25
附录A（规范性附录） 地质灾害地表变形监测设计书编写提纲 …… 26
附录B（资料性附录） 地质灾害地表变形监测网点布设 …… 28
附录C（规范性附录） 平面点位标志、标石 …… 30
附录D（规范性附录） 高程点位标志、标石 …… 33
附录E（规范性附录） 监测报告提纲 …… 35

前　言

本标准按照 GB/T 1.1—2009《标准化工作导则　第1部分：标准的结构和编写》给出的规则起草。

本标准附录B为资料性附录，附录A、C、D、E为规范性附录。

本标准由中国地质灾害防治工程行业协会提出并归口。

本标准起草单位：中国科学院武汉岩土力学研究所、深圳市工勘岩土集团有限公司、长江岩土工程总公司（武汉）、四川大学、中国地质大学（武汉）、浙江华东建设工程有限公司、山西天昇测绘工程有限公司、武汉中科岩土工程有限责任公司。

本标准主要起草人：陈善雄、王贤能、田雪冬、罗红明、王波、邓建辉、叶志平、江培武、许锡昌、李剑、李星开、余飞、张庆峰、张勇慧、林明博、岳向红、胡斌、胡新丽、姜领发、秦尚林、贾进科、徐海滨、高春玉、郭清、崔俊良、戴张俊。

本标准由中国地质灾害防治工程行业协会负责解释。

引　言

为提高地质灾害地表变形监测水平，统一工作方法与技术要求，确保监测工作安全适用、准确可靠、技术先进、经济合理，结合地质灾害的特点，特制定本标准。

本标准是在充分研究国内外有关地质灾害地表监测方面的技术标准和较为成熟的方法技术基础上，经过专题研究，认真总结地质灾害地表变形监测实践经验和科研成果后编写而成，并以调研的形式充分征求了全国有关单位和专家的意见，经反复修改完善，最后经审查定稿。

本标准对地质灾害监测目的任务、工作内容、监测设计及基本要求、监测分级、监测项目与监测网点、监测方法、监测数据与成果整理进行了规定，并对实施监测的基准网测量、水平位移观测、竖向位移观测、裂缝变形观测及地面倾斜观测等技术方法提出了具体要求。

地质灾害地表变形监测技术规程(试行)

1 范围

本标准规定了地质灾害地表变形监测级别划分、监测项目与监测网点、地表变形监测方法、监测数据处理与整理的技术要求。

本标准适用于崩塌、滑坡、地面塌陷、地面沉降和地裂缝等地质灾害的地表变形监测。泥石流物源区及其他行业的地质灾害地表变形监测可参照执行。

2 规范性引用文件

下列文件对于本文件的应用是必不可少的。凡是注日期的引用文件,仅所注日期的版本适用于本文件。凡是不注日期的引用文件,其最新版本(包括所有的修改单)适用于本文件。

GB/T 12897　国家一、二等水准测量规范

GB/T 12898　国家三、四等水准测量规范

GB/T 18314　全球定位系统(GPS)测量规范

GB 50026　工程测量规范

GB/T 32864　滑坡防治工程勘查规范

GB 50497　建筑基坑工程监测技术规范

JGJ 8　建筑变形测量规范

DZ/T 0221　滑坡、崩塌、泥石流监测规范

DZ/T 0154　地面沉降水准测量规范

DZ/T 0283　地面沉降调查与监测规范

DZ/T 0286　地质灾害危险性评估技术规范

DZ/T 0219　滑坡防治工程设计与施工技术规范

DZ/T 0287　矿山地质环境监测技术规程

T/CAGHP 001　地质灾害分类分级标准

T/CAGHP 002　地质灾害防治基本术语

T/CAGHP 092　地裂缝灾害监测规范

3 术语和定义

下列术语和定义适用于本标准。

3.1

地表变形监测 ground deformation monitoring

对地表岩土体与其上建筑物、构筑物的位移、沉降、隆起、倾斜、扰度、裂缝等微观和宏观变形现象,在一定时期内进行周期性的或实时的观测、测量,并对地质灾害进行分析预报的过程。

3.2

地表绝对位移 ground absolute displacement

地质灾害体上的测点相对于其外部的某一(或多个)固定基准点的三维坐标的变化。

注:地表绝对位移可通过测点三维变形位移量、位移方位与变形速率等来反映。

3.3

地表相对位移 ground relative displacement

地质灾害体上变形部位相对位置变化(张开、闭合、下沉、抬升、错动等)。

注:地表相对位移可通过变形位移量、位移方向与变形速率等来反映。

3.4

地面倾斜 ground inclination

指地面的倾斜方向和倾角的变化。

3.5

控制点 control point

以一定精度测定其位置,为其他测绘工作提供依据的固定点。分为平面控制点和高程控制点。

3.6

监测点 monitoring point

直接或间接设置在监测对象上并能反映其变化特征的观测点。

3.7

基准点 datum point

工程测量时作为标准的原点称为测量基准点。按照基准点在测量体系中所处的位置可分为相对基准点和绝对基准点。

3.8

工作基点 working reference point

用于直接对形变观测点联测的相对稳定的测量控制点。

3.9

地面巡查 macro geological investigation

用常规地质调查方法对地质灾害的宏观变形迹象和与其有关的各种异常现象进行定期的观测、记录,以便随时掌握地质体的变形动态及发展趋势,达到科学预报地质灾害的目的。

3.10

简易监测 simple detection

借助于普通的测量工具、仪器装置和简易的量测方法,对灾害体、房屋或构筑物裂缝位移变化进行观察和量测,达到监控地质灾害活动的目的。常用的简易监测方法有埋桩法、埋钉法、上漆法和贴片法等。

3.11

变形速率 rate of deformation

单位时间的变形量。

4 总则

4.1 目的任务

监测地质灾害体地表变形,掌握地质灾害体地表变形规律,为分析地质灾害演化规律、地质灾害预警、应急处置、防治设计、防治安全施工和检验防治效果提供依据。

4.2 工作内容

4.2.1 在可能出现变形破坏或已经发生过且可能再次发生地质灾害的地区，或者有可能发生地质灾害并且威胁人民生命财产的地区，应建立相应地质灾害地表变形监测系统。

4.2.2 用简易或专业的仪器设备对地质灾害的地表变形按设定的频率进行周期性的观测，准确测定地表变形观测点的平面坐标、高程。

4.2.3 通过数据处理提供地表变形观测点的水平位移、垂直位移、裂缝及地面倾斜等动态数据，分析掌握地质灾害的地表变形动态，并预测发展趋势。

4.2.4 编制地质灾害地表变形监测工作的成果报告，并按要求归档。

4.3 监测工作程序与现场调查

4.3.1 监测工作宜按下列步骤进行：

a) 接受委托。

b) 现场地质灾害调查，收集资料。

c) 制定监测方案，编制监测设计书。

d) 仪器设备校验和元器件标定。

e) 监测网点布设与建造。

f) 现场监测。

g) 监测数据的计算、整理、分析及信息反馈。

h) 提交阶段性监测结果和报告。

i) 监测工作结束后，提交完整的监测资料和监测总结报告。

4.3.2 资料收集应包括下列内容：

a) 收集地质灾害的勘察、评估、设计资料，以及所在区域地质灾害和监测等相关资料。

b) 收集地质灾害形成条件与诱发因素资料，包括气象、水文、地形地貌、地层与构造、地震、水文地质、工程地质、人类工程活动等。

c) 收集地质灾害周边环境条件资料。可采用拍照、录像等方法保存有关资料或进行必要的现场测试取得有关资料。

4.3.3 现场调查工作宜包括下列内容：

a) 复核相关资料与现状的关系和符合程度，确定地表变形监测项目现场实施的可行性。

b) 查明已发生(或潜在)的各种地质灾害的形成条件、分布类型、活动规模、变形特征、诱发因素与形成机制等。

c) 对地质灾害体的重点部位和影响范围内的建(构)筑物等，宜进行拍照、录像或绘制素描图。

d) 查明地质灾害对生命财产和工程设施造成的危害程度。

e) 根据地质灾害体新近的变化情况及演化趋势预测，对地质灾害体的稳定性、发展趋势及危害程度进行现状评估，可采用工程地质类比法、成因历史分析法、赤平极射投影法等定性、半定量的评估方法进行。

f) 在现场踏勘、调查和资料收集分析的基础上，编制调查报告。

4.4 监测设计要求

4.4.1 监测项目承担单位应综合考虑地质灾害的类型与特点、地质灾害产生的地质背景与形成条件，以及监测目的、任务要求及测区条件等因素，编制监测设计书。

4.4.2 监测设计书宜包括以下内容，并按附录A的规定编写：

a) 监测目的。

b) 地质灾害体特征。

c) 地表变形监测分级、监测内容。

d) 监测网点布设及建造。

e) 人工巡视、地表变形监测方法及精度要求。

f) 监测期及观测频率。

g) 仪器设备及检定要求。

h) 资料整理与分析。

i) 提交成果内容。

4.5 监测基本要求

4.5.1 地质灾害地表变形监测工作应按经批准的监测设计书实施。

4.5.2 地质灾害地表变形监测应根据监测级别确定监测项目、监测网点、监测方法、精度要求及监测频率。监测方法及精度宜根据地质灾害地表变形特征、变形速率等因素适当调整。

4.5.3 地质灾害地表变形监测应按确定的观测期与总次数进行观测。地表变形监测频率与监测期的确定应以能系统反映地质灾害地表变形的重要变化过程而又不遗漏其变化时刻为原则，并综合考虑单位时间内变形量的大小、变形特征、观测精度要求及外界因素影响情况。

4.5.4 当出现下列情况之一时，应加强监测，提高监测频率：

a) 监测数据达到预警值。

b) 监测数据变化较大或者速率加快。

c) 汛期、雨季或防治工程施工期。

d) 地质灾害体已有明显的变形迹象。

4.5.5 地质灾害地表变形监测项目首次观测应在监测标志埋设完成并稳固后连续进行2次独立观测，并取观测结果的中数作为变形观测初始值。

4.5.6 对同一监测项目，宜符合下列要求：

a) 采用相同的观测方法和观测路线。

b) 使用相同监测仪器和设备。

c) 固定观测人员。

d) 在基本相同的环境和条件下工作。

4.5.7 监测仪器、设备应符合下列规定：

a) 满足观测精度和量程的要求，具有良好的稳定性和可靠性。

b) 应经过校准或检定，且标定或校核记录资料齐全，并应在规定的有效期内使用。

c) 监测过程中应定期进行监测仪器、设备的维护保养、检测。

4.5.8 在地质灾害地表变形监测期间，应对地质灾害体区域的基准点、工作基点、变形观测点进行巡视检查，若发现异常应采取必要的补救措施或对策。巡视检查的内容宜包括以下内容：

a) 基准点、观测点完好状况。

b) 监测元器件的完好及保护情况。

c) 基准点、控制点、工作基点、观测点的地形地貌有无变化。

d） 有无影响观测工作的障碍物。

4.5.9 在地质灾害地表变形监测期间，应按设计书要求对地质灾害体进行地面巡查。地面巡查宜包括下列内容：

a） 地质灾害体地表裂缝的发生与发展变化。

b） 地质灾害体及其附近地表水体、泉水点数与泉水流量及露头变化情况。

c） 地质灾害体及其周边建（构）筑物的变形破坏和树木歪斜情况。

d） 地质灾害体局部有无坍塌、鼓胀、陷落、剪出现象。

4.5.10 当观测过程中发生下列情况之一时，必须立即报告委托方，同时应及时增加观测次数或调整变形监测方案：

a） 监测数据变化较大或者速率加快。

b） 监测数据达到或超出预警值。

c） 周边建（构）筑物突发较大或不均匀沉降或出现严重开裂，明显倾斜。

4.5.11 地质灾害地表变形监测除应符合本标准的规定外，尚应符合国家、行业现行有关标准的规定。

5 监测分级

5.1 一般规定

5.1.1 实施地质灾害地表变形监测前，应根据地质灾害危害等级和地质灾害体稳定性状态进行地质灾害地表变形监测分级。

5.1.2 在监测实施过程中，若地质灾害体的稳定状态发生变化时，地质灾害地表变形监测级别应按本标准的有关规定进行调整。

5.2 地质灾害危害等级划分

5.2.1 地质灾害危害对象应根据地质灾害所危及的范围确定，包括城镇、村镇、主要居民点以及矿山、交通干线、水库等重要公共基础设施。

5.2.2 地质灾害危害等级应根据经济损失和危害对象，按表1的规定综合确定。工矿交通设施重要性根据表2确定。

表1 地质灾害危害等级划分表

评价要素		危害等级		
		Ⅰ级	Ⅱ级	Ⅲ级
经济损失		直接经济损失≥500万元或潜在的经济损失≥5 000万元	直接经济损失100万～500万元或潜在的经济损失500万～5 000万元	直接经济损失≤100万元或潜在的经济损失≤500万元
危害对象	威胁人数	死亡人数≥10人或威胁人数≥100人	死亡人数3～10人或威胁人数10～100人	死亡人数≤3人或威胁人数≤10人
	工矿交通设施	重要	较重要	一般
注：满足经济损失或危害对象中的其中之一条，即划定为相应的危害等级。				

表 2　工矿交通设施重要性分类表

重要性	项目类别
重要	城市和村镇规划区、放射性设施、军事和防空设施、核电、二级(含)以上公路、铁路、机场、大型水利工程、电力工程、港口码头、矿山、集中供水水源地、工业建筑(跨度>30 m)、民用建筑(高度>50 m)、垃圾处理厂、水处理厂、油(气)管道和储油(气)库、学校、医院、剧院、体育馆
较重要	新建村镇、三级(含)以下公路、中型水利工程、电力工程、港口码头、矿山、几种供水水源地、工业建筑(跨度 24 m～30 m)、民用建筑(高度 24 m～50 m)、垃圾处理场、水处理厂等
一般	小型水利工程、电力工程、港口码头、矿山、集中供水水源地、工业建筑、民用建筑、垃圾处理场、水处理厂等

5.3　地质灾害地表变形监测级别划分

5.3.1　崩塌、滑坡地表变形监测级别应根据地质灾害体的稳定现状及危害等级，按表 3 的规定确定。

表 3　崩塌滑坡地表变形监测级别划分表

崩塌滑坡稳定现状	危害等级		
	Ⅰ级	Ⅱ级	Ⅲ级
不稳定	一级	一级	二级
欠稳定	一级	二级	三级
基本稳定	二级	三级	三级

5.3.2　崩塌、滑坡稳定现状宜由地质灾害勘查或危险性评估结果确定。当无相关资料时，崩塌的稳定现状宜采用地质分析法、赤平极射投影、力学分析法等确定；滑坡的稳定现状宜采用地质分析法、极限平衡法等确定，也可依据滑坡野外特征按《地质灾害危险性评估技术规范》(DZ/T 0286)的相关条款确定。

5.3.3　地面塌陷地表变形监测级别应根据地质灾害体的稳定状态及危害等级，按表 4 的规定确定。

表 4　地面塌陷地表变形监测级别划分表

地面塌陷稳定现状	危害等级		
	Ⅰ级	Ⅱ级	Ⅲ级
不稳定	一级	一级	二级
欠稳定	一级	二级	三级
基本稳定	二级	三级	三级

5.3.4　地面塌陷稳定现状宜由地质灾害勘查或危险性评估结果确定。当无相关资料时，采空地面塌陷稳定现状宜采用工程地质分析方法、地表移动变形判别法、极限平衡方法和数值模拟方法等确定，也可依据采深采厚比或依据地表变形实测资料按《地质灾害危险性评估技术规范》(DZ/T 0286)

的相关规定判定。岩溶地面塌陷稳定现状可根据岩溶区微地貌、堆积物性状、地下水埋藏及活动情况，按《地质灾害危险性评估技术规范》(DZ/T 0286)的相关规定判定。

5.3.5 地面沉降监测级别应根据地面沉降发育程度及危害等级，按表5的规定确定。

表5 地面沉降变形监测级别划分表

地面沉降发育程度	危害等级		
	Ⅰ级	Ⅱ级	Ⅲ级
强	一级	一级	二级
中	一级	二级	三级
弱	二级	三级	三级

5.3.6 地面沉降发育程度宜由地质灾害勘查或危险性评估结果确定。当无相关资料时，地面沉降发育程度可依据近5年平均沉降速率或20年以来的累计地面沉降，按《地质灾害危险性评估技术规范》(DZ/T 0286)的相关规定确定。

5.3.7 地裂缝地表变形监测级别应根据地裂缝灾害规模及危害等级，按表6的规定确定。

表6 地裂缝地表变形监测级别划分表

地裂缝灾害规模	危害等级		
	Ⅰ级	Ⅱ级	Ⅲ级
巨型	一级	一级	二级
大型	一级	二级	三级
中型	二级	二级	三级
小型	二级	三级	三级

5.3.8 地裂缝灾害规模可依据地裂缝长度和影响宽度，按《地裂缝灾害监测规范》(T/CAGHP 092)的有关规定进行分级。

6 监测项目与监测网点

6.1 一般规定

6.1.1 监测项目应根据地质灾害的特点、发生机理、可能的变形破坏形式等综合确定。

6.1.2 监测对象应为由于地质灾害活动造成的地表变形及危害对象的变形。

6.1.3 在监测实施过程中，若地质灾害地表变形的监测级别发生变化时，地质灾害地表变形监测项目应按本标准有关规定进行调整，但不宜减少监测项目。

6.1.4 监测网点包括基准点、工作基点和观测点，应根据地质灾害的类型与规模、地质条件、变形特征、影响范围、监测分级、地形地貌、通视条件和施测要求进行布设。

6.1.5 监测网点的选择应能反映地质灾害体的整体变化趋势，突出对关键和敏感部位的监测，并力求构成纵、横剖面线。

6.1.6 观测点可根据地质灾害体和危害对象的变形特征布设，应布置在地质灾害变形关键特征部位、位置，以下部位应增加测点：

a） 变形速率较大的地段或块体。

b） 对地质灾害稳定性起关键作用的地段或块体。

c） 控制变形位移的裂缝等。

6.1.7 观测点的位置应避开障碍物，监测标志应稳固、明显、结构合理。

6.2 地质灾害地表变形监测项目

6.2.1 崩塌、滑坡地表变形监测项目应根据灾害体的特点和监测级别，按表7的规定确定。

表7 崩塌、滑坡地表变形监测项目表

监测项目	监测级别		
	一级	二级	三级
竖向位移	○	○	○
水平位移	○	○	○
地面倾斜	△	△	※
裂缝收敛	○	△	※
裂缝位错	○	△	※
注：表中符号○表示应测；△表示宜测；※表示可测。			

6.2.2 地面塌陷地表变形监测项目应根据灾害体的特点和监测级别，按表8的规定确定。

表8 地面塌陷地表变形监测项目表

监测项目	监测级别		
	一级	二级	三级
竖向位移	○	○	○
水平位移	○	○	○
地面倾斜	○	△	※
裂缝收敛	○	△	※
裂缝位错	○	△	※
注：表中符号○表示应测；△表示宜测；※表示可测。			

6.2.3 地面沉降监测项目应根据灾害体的特点和监测级别，按表9的规定确定。

表9 地面沉降监测项目表

监测项目	监测级别		
	一级	二级	三级
竖向位移	○	○	○
注：表中符号○表示应测。			

6.2.4　地裂缝地表变形监测项目应根据灾害体的特点和监测级别，按表10的规定确定。

表10　地裂缝地表变形监测项目表

监测项目	监测级别		
	一级	二级	三级
竖向位移	○	○	○
裂缝位错	○	△	※
水平位移	○	○	△
注：表中符号○表示应测；△表示宜测；※表示可测。			

6.2.5　地质灾害危害对象变形监测应根据对象的特点和监测级别，按表11的规定确定。

表11　危害对象变形监测项目表

监测项目	监测级别		
	一级	二级	三级
竖向位移	○	○	○
水平位移	○	※	※
建(构)筑物倾斜	○	△	※
裂缝(收敛与位错)	○	○	○
注：表中符号○表示应测；△表示宜测；※表示可测。			

6.3　地质灾害地表变形监测控制网布设

6.3.1　监测控制网基准点和工作基点布设应符合下列要求：

a）一般监测区域应设置不少于3个基准点(平面和高程基准分别要求，但可以共点位埋石)；重要地区应再增设1～2个基准点。

b）工作基点根据需要设置，应便于校核。

6.3.2　监测控制网基准点和工作基点位置的选择应符合下列要求：

a）基准点应设置在变形区域以外、位置稳定、易于长期保存的稳定岩层或原土层上。

b）工作基点宜埋设在方便观测和稳固的基础上。

c）工作基点应与基准点构成合理的网形，并应满足监测精度的要求。

d）基准点应选在视线开阔地区，与工作基点便于联测。

6.3.3　当使用卫星定位系统测量方法进行平面或三维控制测量时，基准点应满足下列要求：

a）点位周围应便于安置接收设备和操作。

b）视场内障碍物的高度角不宜超过15°。

c）离电视台、电台、微波站等大功率无线电发射源的距离不应小于200 m；离高压输电线和微波无线电信号传输通道的距离不应小于50 m；附近不应有强烈的反射卫星信号的大面积水域、大型建筑以及热源等。

d）通视条件好，应方便其他测量手段扩展和联测。

6.4 地质灾害地表变形监测网布设

6.4.1 地表变形监测网的布设应能达到系统监测地质灾害地表变形量、变形方向的要求，并掌握其时空动态和发展趋势。

6.4.2 地质灾害地表变形监测剖面、观测点的数量均应以充分反映地质灾害体的变形大小、方向为原则。监测网可参照附录B选择，可采用其中一种网型，也可同时采用两种或两种以上网型，布成综合网型。

6.4.3 地质灾害地表变形监测剖面和观测点布设宜根据表12的规定选择，具体剖面数和测点数应根据地质灾害体的规模来确定。

表12 地质灾害地表变形监测数量表

监测级别	一级	二级	三级
监测剖面数量	不少于3条	不少于2条	不少于1条
监测剖面上观测点数量	不少于6点	不少于5点	不少于3点

6.4.4 崩塌、滑坡地表变形监测网点布设应符合以下规定：

a) 监测剖面及观测点应根据崩塌、滑坡的规模、变形方位和形态特征进行布设。

b) 当崩塌、滑坡有明确的主滑方向和滑动范围时，监测网可布设成十字形和方格形；当变形具有2个以上方向时，监测剖面应布设2条以上；滑动方向和滑动范围不明确的，监测网宜布设成扇形。

c) 监测剖面布设应穿过崩塌、滑坡的不同变形地段或部位，兼顾到崩塌、滑坡以外的小型崩塌、滑坡及次生复活的崩塌、滑坡。

d) 纵向监测剖面应与崩塌、滑坡变形方向一致，由中部向两侧对称布设。横向监测剖面宜与纵向剖面垂直，由中部向上下方向对称布设。

e) 观测点可布设在监测剖面或监测剖面两侧2 m范围内，以绝对位移监测点为主，并在剖面所经过的裂隙、滑带、软弱带上布设相对位移监测点。

f) 在滑坡体的鼓张裂隙带、拉张裂隙带、剪切裂隙带，以及在崩塌体顶部拉张裂隙带，地裂缝中部最大拉张部位、两端延展部位等加密布设地表变形观测点。

6.4.5 地面沉降地表变形监测网点布设应符合以下规定：

a) 地面沉降水准监测网根据监测级别宜采用水准闭合环方式布设。对于不同地质单元的区域，水准剖面应垂直(或斜交)于线型工程走向，宜与国家水准网联测。

b) 水准路线宜穿越不同方向的构造带、地下水开采区、地面沉降和地下水漏斗中心，并沿道路等较平缓、通视条件好的区域；而应尽量避开堆土区、河湖、山谷等阻碍观测地带以及可能遭受较大震动和交通影响的区域。

c) 观测点距应根据监测对象和监测等级确定，一般宜按0.5 km～1.0 km布设。地面沉降强发育区、地下水过度开采区或超采区和人类工程建设活动密集区应适当加密布设水准点。

d) 地面水准点应选择在地势平坦、坚实稳固、通视条件较好处，并应避开地下设施地段。

e) 水准监测起算点应采用国家各等级水准点，水准点应尽量采用基岩标或基岩水准点。一级、二级水准网应选取基岩标或其他稳定的水准点作为结点。

6.4.6 地面塌陷地表变形监测网点布设应符合以下规定：

a) 地面塌陷地表变形监测网点应根据工程特点、地质条件、灾害规模、地面塌陷的范围及特征等因素布设。

b) 采空地面塌陷地表变形监测剖面应平行和垂直于矿层走向布置，至少有1条剖面应设在移动盆地的中心部位，长度宜大于地表移动变形预计范围。

c) 采空地面塌陷监测剖面应在移动盆地的中间区、内边缘区、外边缘区及采空的影响带布置观测点，其观测点间距根据开采深度按表13的规定确定。

表13 采空地面塌陷观测点间距

开采深度/m	观测点间距/m	开采深度/m	观测点间距/m
<50	5	200～300	20
50～100	10	300～400	25
100～200	15	>400	30

d) 监测剖面上观测点的布置，应采用测区平均布点与移动盆地内边缘区与中间区向内边缘区密度逐渐加大。

e) 岩溶地面塌陷地表变形监测剖面宜平行和垂直于溶洞的长轴方向，数量不宜少于2条，剖面长度宜大于溶洞最大孔径。

f) 岩溶地面塌陷观测点宜等间距布置，其间距根据岩溶的埋深参照表12的规定确定。每条监测剖面的观测点不应少于3个。

6.4.7 地裂缝地表变形监测网点布设应符合以下规定：

a) 应根据地裂缝活动程度，宜采用点、线、面相结合的方式，组成地裂缝监测网。

b) 应选择活动性较强的地裂缝建设监测网点，监测剖面宜垂直于地裂缝走向，且在地裂缝两侧影响带布设观测点。

c) 每条地裂缝带上宜根据地裂缝发育的宽度和长度，布设不少于3条短水准监测剖面，长度宜穿过地裂缝带(含次生地裂缝带)宽度并向两侧各外延100 m左右。短水准剖面观测点间距宜5 m～10 m，向两侧由近及远间距可逐渐增大。

d) 地裂缝水准监测对点应垂直于地裂缝带发育方向在地裂缝上下盘分别布设，间距应根据地裂缝上下盘影响宽度而定。每条地裂缝带上宜布设不少于3个监测对点。

7 监测方法

7.1 一般规定

7.1.1 地质灾害地表变形监测方法应考虑地质灾害的类型、监测级别、设计要求、变形阶段、当地经验和方法的适用性等因素，本着技术可行、经济合理的原则综合确定，监测方法应合理易行。

7.1.2 地质灾害地表变形可采用多种方法进行组合监测，监测数据应互相校核、互相验证，做出综合分析。

7.1.3 在满足精度要求的前提下，宜选择经济实用的监测方法。在经济、技术允许条件下，宜实行数据自动化采集和实时监测。

7.1.4 当地质灾害监测范围较大且监测精度要求较低时，可采用GNSS测量、近景摄影测量、三维激光扫描或合成孔径雷达干涉测量(InSAR)等监测方法，监测网布置应满足监测精度要求。

7.2 水平角观测

7.2.1 水平角观测可采用方向观测法、全组合测角法或其他满足精度要求的方法。

7.2.2 采用方向观测时，若方向数不多于3个可不归零。当导线点上多于2个方向时，应按方向法观测。

7.2.3 一级、二级、三级水平角观测的测回数，宜按表14的规定执行。

表14 水平角观测测回数

监测级别	一级	二级	三级
DJ05	6	4	2
DJ1	9	6	3
DJ2	—	9	6

7.2.4 各级别水平角观测的限差应符合下列要求：

a) 方向观测法观测的限差应符合表15的规定。

表15 方向观测法限差

仪器类型	光学测微器两次重合读数/(″)	半测回归零差/(″)	一测回内2C互差(″)	同一方向值各测回互差/(″)
DJ05	2	3	5	3
DJ1	4	5	9	5
DJ2	6	8	13	8

注：当照准方向垂直角超过±3°时，该方向的2C互差可按同一观测时间段内相邻测回进行比较，其差值仍按表中规定。

b) 全组合测角法观测的限差应符合表16的规定。

表16 全组合测角法限差

仪器类型	光学测微器两次重合读数/(″)	上下半测回角值互差(″)	同一角度各测回角值互差(″)
DJ05	2	3	3
DJ1	4	6	5
DJ2	6	10	8

c) 测角网的三角形最大闭合差，不应大于$2\sqrt{3}m_\beta$；导线测量每测站左、右角闭合差，不应大于$2m_\beta$；导线的方位角闭合差不应大于$2\sqrt{n}m_\beta$（n为测站数）。

7.2.5 水平角观测作业应符合下列要求：

a) 使用的仪器设备在项目开始前应进行校验。

b) 观测应在通视良好、成像清晰稳定时段进行。晴天的日出、日落前后和太阳中天前后不宜观测。作业中仪器不得受阳光直接照射，当气泡偏离超过一格时，应在测回间重新整置仪器。当视线靠近吸热或放热强烈的地形地物时，应选择阴天或有风但不影响仪器稳定的时间进行观测。当需削减时间性水平折光影响时，应按不同时间段观测。

c） 控制网观测宜采用双照准法，在半测回中每个方向连续照准两次，并各读数一次。每站观测中，应避免二次调焦，当观测方向的边长悬殊较大、有关方向应调焦时，宜采用正倒镜同时观测法，并可不考虑 2C 变动范围。对于大倾斜方向的观测，应严格控制水平气泡偏移，当垂直角超过 3°时，应进行仪器竖轴倾斜改正。

7.2.6 当观测成果超出限差时，应按下列规定进行重测：

a） 当 2C 互差或各测回互差超限时，应重测超限方向，并联测零方向。
b） 当归零差或零方向的 2C 互差超限时，应重测该测回。
c） 在方向观测法一测回中，当重测方向数超过所测方向总数的 1/3 时，应重测该测回。
d） 在一个测站上，对于采用方向观测法，当基本测回重测的方向测回数超过全部方向测回总数的 1/3 时，应重测该测站；对于采用全组合测角法，当重测的测回数超过全部基本测回数的 1/3 时，应重测该测站。
e） 基本测回成果和重测成果均应记入手簿。重测成果与基本测回结果之间不得取中数，每一测回只应取用一个符合限差的结果。
f） 全组合测角法，当直接角与间接角互差超限时，在满足本条款要求，即不超过全部基本测回数 1/3 的前提下，可重测单角。
g） 当三角形闭合差超限需要重测时，应进行分析，选择有关测站进行重测。

7.3 水准测量

7.3.1 采用水准测量方法进行各级高程控制测量使用的仪器型号和标尺类型应符合表 17 的规定。

表 17 水准测量的仪器型号和标尺类型

监测级别	常用的仪器型号			标尺类型		
	DS05、DSZ05 型	DS1、DSZ1 型	DS3、DSZ3 型	铟瓦尺	条码尺	区格式木制标尺
一级	√	×	×	√	√	×
二级	√	√	×	√	√	×
三级	√	√	√	√	√	√
注：表中“√”表示允许使用；“×”表示不允许使用。						

7.3.2 使用光学水准仪和数字水准仪进行水准测量作业的基本方法符合现行国家标准《国家一、二等水准测量规范》(GB 12897)和《国家三、四等水准测量规范》(GB 12898)的相应规定。

7.3.3 水准测量的观测方式应符合表 18 的规定。

表 18 水准测量观测方式

监测级别	高程控制测量、工作基点联测及首次竖向位移观测			其他各次竖向位移观测		
	DS05、DSZ05 型	DS1、DSZ1 型	DS3、DSZ3 型	DS05、DSZ05 型	DS1、DSZ1 型	DS3、DSZ3 型
一级	往返测	—	—	往返测或单程双站测	—	—
二级	往返测或单程双站测	往返测或单程双站测	—	单程观测	单程双站测	—
三级	单程双站测	单程双站测	往返测或单程双站测	单程观测	单程观测	单程双站测

7.3.4 水准观测限差应符合表19的规定。

表19 水准测量限差要求

监测级别	往返较差及附合或环线闭合差/mm	单程双测站所测高差较差/mm	检测已测测段高差之差/mm
一级	$\leqslant 0.3\sqrt{n}$	$\leqslant 0.2\sqrt{n}$	$\leqslant 0.45\sqrt{n}$
二级	$\leqslant 1.0\sqrt{n}$	$\leqslant 0.7\sqrt{n}$	$\leqslant 1.5\sqrt{n}$
三级	$\leqslant 3.0\sqrt{n}$	$\leqslant 2.0\sqrt{n}$	$\leqslant 4.5\sqrt{n}$
注:表中 n 为测站数。			

7.3.5 使用的水准仪、水准尺在监测开始前和结束后应进行检验,监测实施中也应定期检验。当观测成果出现异常,经分析与仪器有关时,应及时对仪器进行检验与校正。检验和校正应按现行国家标准《国家一、二等水准测量规范》(GB/T 12897)和《国家三、四等水准测量规范》(GB/T 12898)的规定执行。

7.3.6 水准观测作业应符合下列要求:

a) 应在标尺分划线成像清晰和稳定的条件下进行观测。不得在日出后或日落前约半小时、太阳中天前后、风力大于四级、气温突变时以及标尺分划线的成像跳动而难以照准时进行观测。阴天可全天观测。

b) 观测前半小时,应将仪器置于露天阴影下,使仪器与外界气温趋于一致。设站时,应用测伞遮蔽阳光。使用数字水准仪前,还应进行预热。

c) 使用数字水准仪,应避免望远镜直接对着太阳,并避免视线被遮挡。仪器应在其生产厂家规定的温度范围内工作。振动源造成的振动消失后,才能启动测量键。当地面振动较大时,应随时增加重复测量次数。

d) 每测段往测与返测的测站数均应为偶数,否则应加入标尺零点差改正。由往测转向返测时,两标尺应互换位置,并应重新整置仪器。在同一测站上观测时,不得两次调焦。转动仪器的倾斜螺旋和测微鼓时,其最后旋转方向,均应为旋进。

f) 对各周期观测过程中发现的相邻观测点高差变动迹象、地质地貌异常、附近建筑基础和墙体裂缝等情况,应做好记录,并画草图。

7.3.7 静力水准测量的技术要求应符合表20的规定。

表20 静力水准观测技术要求

监测级别	一级	二级	三级
仪器类型	封闭式、敞口式	敞口式	敞口式
读数方式	接触式	目视式	目视式
两次观测高差较差/mm	±0.3	±1.0	±3.0
环线及附合路线闭合差/mm	$\pm 0.3\sqrt{n}$	$\pm 1.0\sqrt{n}$	$\pm 3.0\sqrt{n}$
注:表中 n 为测站数。			

7.3.8 静力水准测量作业应符合下列规定:

a) 观测前向连通管内充水时,不得将空气带入,可采用自然压力排气充水法或人工排气充水法进行充水。

b) 连通管应平放在地面上，当通过障碍物时，应防止连通管在竖向出现“Ω”形而形成滞气“死角”。连通管任何一段的高度都应低于蓄水罐底部，但最低不宜低于 20 cm。

c) 观测时间应选在气温最稳定的时段，观测读数应在液体完全呈静态下进行。

d) 测站上安置仪器的接触面应清洁、无灰尘杂物。仪器对中误差不应大于±2 mm，倾斜度不应大于 10′。使用固定式仪器时，应有校验安装面的装置，校验误差不应大于±0.05 mm。

e) 宜采用两台仪器对向观测。条件不具备时，亦可采用一台仪器往返观测。每次观测，可取 2～3个读数的中数作为一次观测值。根据读数设备的精度和沉降观测级别，读数较差限值宜为 0.02 mm～0.04 mm。

7.3.9 使用自动静力水准设备进行水准测量时，应根据变形测量的精度级别和所用设备的性能，参照本标准的有关规定，制定相应的作业规程。作业中，应定期对所用设备进行检校。

7.4 电磁波测距三角高程测量

7.4.1 对于监测级别为三级竖向位移观测的高程控制测量，当不便使用水准测量时，可使用电磁波测距三角高程测量方法，并使用专用觇牌和配件。对于更高精度或特殊的高程控制测量需采用三角高程测量时，应进行详细设计和论证。

7.4.2 电磁波测距三角高程测量的视线长度不宜大于 700 m，最长不得超过 1 000 m，视线垂直角不得超过 10°，视线高度和离开障碍物的距离不得小于 1.2 m。

7.4.3 电磁波测距三角高程测量应优先采用中间设站观测方式，也可采用每点设站、往返观测方式。当采用中间设站观测方式时，每站的前后视线长度之差，对于二级不得超过 15 m，三级不得超过视线长度的 1/10；前后视距差累积，对于二级不得超过 30 m，三级不得超过 100 m。

7.4.4 电磁波测距三角高程测量应在成像清晰和信号稳定时进行垂直角和斜距观测。斜距观测两测回（每测回读数 4 次）各读数较差和测回中数较差均不得超过 10 mm，每站应量取气温、气压值。垂直角采用中丝法观测 4 个测回，测回差和指标差互差均不得大于 5″。

7.4.5 观测读数和计算取位宜符合表 21 的规定。

表 21 观测读数和计算取位

项目	斜距/m	垂直角/(″)	仪器高觇牌高/mm	气温/℃	气压/Pa	测站高差/mm	测段调养/mm
观测值	0.000 1	0.1	0.1	0.2	50	—	—
计算值	0.001	0.1	0.1	—	—	三等 0.1	0.1
						四等 1	1

注：仪器高、觇标高应在观测前后用经过检验的量杆或钢尺各量测一次，精确读至 0.5 mm，当较差不大于 1 mm 时取用中数。采用中间设站观测方式时可不量测仪器高。

7.5 GNSS 测量

7.5.1 GNSS 接收机的选用应符合表 22 的规定。

表 22 GNSS 接收机的选用

监测级别	单频/双频	标称精度	测量量	同步接收机数
二	双频	≤5 mm+1×10^{-6}	载波相位	≥4
三	双频	≤5 mm+2×10^{-6}	载波相位	≥3

7.5.2 GNSS 静态观测基本技术要求按表 23 的规定执行。

表 23 GNSS 静态观测基本技术要求

监测级别	一级	二级	三级
卫星高度角/(°)	≥15	≥15	≥15
有效观测卫星数	≥5	≥5	≥4
平均重复设站数	≥2.0	≥2.0	≥1.6
观测时段长/min	≥90	≥60	≥45
数据采样间隔/s	10～30	10～30	10～30

7.5.3 一般情况下，GNSS 测量作业参照《全球定位系统(GPS)测量规范》(GB/T 18314)有关条款执行。山区监测时，应适当延长观测时段长度。

7.5.4 插点或双插点的形式加密控制网。插点均要求有足够的多余条件，并采用严密平差的方法对插点进行精度评定。

7.5.5 插点应满足下列条件：

a) 采用单插点，应有不少于 5 个内外交会方向，当图形欠佳时其中至少应有外交会方向。

b) 采用双插点，交会方向数为单插点的 2 倍，但其中不应包括两待定点间的双向观测方向。

c) 当采用边角联合交会时，多余观察数必须与上述插点规定相同。

d) 插点的水平角观测、导线边(交会边)观测和相邻点位中误差的要求均同于同级网点。

7.6 裂缝变形观测

7.6.1 裂缝收敛观测根据地质灾害地表变形特点、监测要求可采用简易观测和专业观测方法。

7.6.2 裂缝收敛简易观测可采用埋桩法、标尺法、贴片法、埋钉法、上漆法等简单易行的测量工具和方法进行测量。

7.6.3 裂缝收敛专业观测可采用精密钢尺、游标卡尺、百分表、钢尺收敛计、位移传感器、全站仪等专业仪器设备进行测量。

7.6.4 采用全站仪进行裂缝收敛观测可采用视准线法、激光准直法或极坐标法测量，观测方法应符合《建筑变形观测规范》(JGJ 8)有关条款规定。

7.6.5 裂缝水平位错可采用精密钢尺、游标卡尺等仪器设备进行测量。

7.6.6 裂缝垂直位错可采用水准测量的方法测得各观测期内观测点的沉降，根据观测点的沉降差求得裂缝的垂直位错。

7.7 地面倾斜观测

7.7.1 地面倾斜观测方法应根据观测对象、现场观测条件和要求，可选用经纬仪观测、铅锤法观测、水准测量以及倾斜仪测记法。

7.7.2 危害对象的倾斜观测可采用经纬仪观测法或铅锤观测法。

7.7.3 经纬仪观测可选用投点法、测水平角法、前方交会法等，铅垂观测法可选用吊垂球法、激光铅直仪观测法、激光位移计自动测记法、正锤线法等，具体观测方法应符合《建筑变形观测规范》(JGJ 8)有关条款规定。

7.7.4 倾斜仪可选用水管式倾斜仪、水平摆倾斜仪、气泡倾斜仪或电子倾斜仪。

8 监测控制网测量

8.1 一般规定

8.1.1 地质灾害地表变形监测基准点和工作基点的设置应符合下列要求：

a) 地表竖向位移观测应设置高程基准点。

b) 地表水平位移、地面倾斜、裂缝变形观测应设置平面基准点，必要时应设置高程基准点。

c) 当基准点离监测对象距离较远致使变形观测作业不方便时，宜设置工作基点。在通视条件良好、距离较近、观测项目较少的情况下，可直接将基准点作为工作基点。

8.1.2 地表变形监测控制网应由基准点和工作基点构成。监测控制网的复测应符合下列要求：

a) 定期检查基准点的稳定性。

b) 应定期复测，复测周期宜6个月一次，当复测发现基准控制网点有明显的位移时，应找出有问题的点位，重新选点并相应缩短复测周期。

c) 当3次及以上的复测证明控制网点无明显位移时，可适当延长复测周期。

8.1.3 变形监测基准点的标石、标志埋设后，应达到稳定状态后方可开始观测。稳定期应根据观测要求与地质条件确定，不宜少于15天。

8.1.4 地质灾害地表变形监测水平位移基准网可采用独立坐标系统，必要时可与国家坐标系统联测。垂直位移基准网宜采用地质灾害所在区域原有的高程系统。

8.1.5 当有工作基点时，每期地表变形观测时均应将其与基准点进行联测，然后再对地表变形观测点进行观测。

8.1.6 地表变形监测控制网的精度级别应根据地质灾害地表变形监测级别确定。

8.2 监测控制点埋设

8.2.1 平面基准点、工作基点的形式及埋设应符合下列要求：

a) 平面控制点宜采用带有强制归心装置的观测墩或埋设专门观测标石，点位标志、标石埋设可参照附录C。

b) 照准装置应具有明显的几何中心或轴线，并应符合图像反差大、图案对称、相位差小和本身不变形等要求。

c) 照准标志宜采用强制对中装置的觇牌，强制归心时对中中误差不得大于±0.2 mm。

d) 对用作平面基准点的深埋式标志、兼作高程基准的标石和标志以及特殊土地区或有特殊要求的标石、标志及其埋设应另行设计。

8.2.2 高程基准点、工作基点的形式及埋设应符合下列要求：

a) 高程基准点的标石应埋设在基岩层或原状土层中，可根据点位所处的不同地质条件，选埋基岩水准基点标石、深埋双金属管水准基点标石、深埋钢管水准基点标石、混凝土基本水准标石。

b) 高程工作基点的标石可按点位的不同要求，选用浅埋钢管水准标石、混凝土普通水准标石等。

c) 标石、标志的形式可按附录D的规定执行，亦可埋设在观测墩上，观测墩形式可参照附录D。特殊土地区和有特殊要求的标石、标志规格及埋设，应另行设计。

8.2.3 应加强对观测点的保护，必要时应设置观测点的保护装置或设施。

8.3 平面控制网测量

8.3.1 平面监测网一般由基准线、三角形、大地四边形及中点多边形等基本图形构成，根据测区情况布设成基准线、三角网、测边网、边角网或GNSS控制网。

8.3.2 平面控制网可采用三角测量、导线测量、GNSS测量及电磁波测边网等方法测量。

8.3.3 平面控制测量的精度要求应符合下列规定：

a) 测角网、测边网、边角网、导线网或GNSS网的最弱边边长中误差，不应大于所选级别的观测点坐标中误差。

b) 工作基点相对于邻近基准点的点位中误差，不应大于相应级别观测点点位中误差。

c) 用基准线法测定偏差值的中误差，不应大于所选级别的观测点坐标中误差。

8.3.4 平面控制测量网技术应符合下列规定：

a) 测角网、测边网、边角网、GNSS网应符合表24的规定。

b) 各级测角、测边控制网宜布设为近似等边三角形网，其三角形内角不宜小于30°或大于150°；当受地形或其他条件限制时，个别角可放宽，但不宜小于25°或大于155°。宜优先使用边角网，在边角网中应以测边为主，加测部分角度，并合理配置测角和测边的精度。

c) 导线测量的技术要求应符合表25的规定。

表24 平面控制网技术要求

监测级别	平均边长/m	角度中误差/(″)	边长中误差/mm	最弱边边长相对中误差
一级	1 000	±1.0	±1.0	1∶200 000
二级	600	±1.5	±3.0	1∶100 000
三级	300	±2.5	±10.0	1∶50 000

注1：最弱边边长相对中误差中未计及基线边长误差影响。
注2：有下列情况之一时，不宜按本规定，应另行设计：
(1)最弱边边长中误差不同于表列规定时；
(2)实际平均边长与表列数值相差大时；
(3)采用边角组合网时。

表25 导线测量技术要求

监测级别	导线最弱点点位中误差/mm	导线总长/km	平均边长/m	测边中误差/mm	测角中误差/(″)	导线全长相对闭合差
二级	±1.4	$5.0C_1$	1 000	$\pm 0.6C_2$	±1.0	1∶55 000
三级	±4.2	$3.0C_1$	600	$\pm 2.0C_2$	±2.0	1∶35 000

注1：C_1、C_2为导线类别系数。对附合导线，$C_1=C_2=1$；对独立单一导线，$C_1=1.2$，$C_2=2$；对导线网，导线总长系指附合点与结点或结点间的导线长度，取$C_1\leqslant 0.47$、$C_2=1$。
注2：有下列情况之一时，不宜按本规定，应另行设计：
(1)导线最弱点点位中误差不同于表列规定时；
(2)实际导线的平均边长和总长与表列数值相差大时。

8.4 高程控制网测量

8.4.1 高程控制网应布设成闭合环、结点网或附合高程路线。

8.4.2 高程控制测量可采用几何水准测量、液体静力水准测量和电磁波测距三角高程测量等方法。

8.4.3 高程控制测量宜采用几何水准测量方法。对于监测级别为三级且不便使用水准测量时，可使用电磁波测距三角高程测量方法。

8.4.4 地质灾害地表变形监测高程控制网精度应符合表26的规定。

表26 高程控制点精度要求

监测级别	相邻控制点高程中误差/mm	往返较差、附合或环线闭合差限差/mm	检测已测高差较差限差/mm
一级	≤±0.5	$0.6\sqrt{n}$	$1.0\sqrt{n}$
二级	≤±1.0	$1.0\sqrt{n}$	$1.5\sqrt{n}$
三级	≤±2.0	$3.0\sqrt{n}$	$5.0\sqrt{n}$
注：表中 n 为测站数。			

9 水平位移观测

9.1 一般规定

9.1.1 水平位移观测应根据地质灾害规模、特征等因素和监测要求做好水平位移观测方案的设计。

9.1.2 水平位移观测可根据现场地质灾害体类型、规模、变形特征、作业条件和经济因素选用视准线法、小角度法、测角交会法或方向差交会法、极坐标法、电磁波测距导线法和GNSS法等。

9.1.3 水平位移观测的级别和精度要求，应根据地质灾害监测级别、地质灾害规模、性质及变形速率的大小确定。

9.1.4 水平位移观测应根据本标准的相关规定及时提交相应的阶段性成果和综合成果。

9.2 水平位移观测点埋设

9.2.1 水平位移观测的标志应根据不同地质灾害体的特点进行设计。标志应牢固、适用、美观，便于保护。

9.2.2 水平位移观测点一般应设置有强制对中装置，特殊情况下可采用精密的光学对中装置。

9.2.3 土体上的地表水平位移观测点可埋设预制混凝土标石。根据观测精度要求，顶部的标志可采用具有强制对中装置的活动标志或嵌入加工成半球状的钢筋标志，点位标志、标石形式可参照附录C。标石埋深不宜小于1 m，在冻土地区应埋至当地冻土线以下0.5 m。标石顶部应露出地面20 cm～30 cm。

9.2.4 岩体上的地表水平位移观测点可采用砂浆现场浇固的钢筋标志。凿孔深度不宜小于10 cm。标志埋好后，其顶部应露出岩体面5 mm。

9.2.5 必要的临时性或过渡性观测点以及观测周期短、次数少的地质灾害地表水平位移观测点，可埋设硬质大木桩，但顶部应安置照准标志，底部应埋至当地冻土线以下。

9.3 水平位移观测点精度

地质灾害水平位移观测点精度应根据地质灾害类别、地质灾害水平位移变形速率及相对点位中误差综合确定,可按表 27 的规定确定。水平位移观测精度有特殊要求的,应另行确定。

表 27　地质灾害水平位移观测点精度

监测级别	观测点位中误差/mm
一级	≤±3.0
二级	≤±5.0
三级	≤±10.0
注:观测点点位中误差为相对临近平面控制点的点位中误差。	

9.4　水平位移观测技术要求

9.4.1　水平位移监测可根据现场条件选择下列方法:

a)　测量特定方向上的水平位移时,宜采用视准线法、小角度法。

b)　测量任意方向上的水平位移时,可采用前方交会法、后方交会法、边角交会法、极坐标法、电磁波测距导线法等。

c)　当观测点与基准点无法通视或距离较远时,在观测条件满足要求时宜采用 GNSS 静态测量法。

9.4.2　视准线法观测地质灾害地表水平位移应符合下列规定:

a)　视准线测量适用于地质灾害体直线边的水平位移观测,观测仪器应架设在变形区外,且测站与观测点不宜太远。

b)　在视准线两端各自向外的延长线上,宜埋设检核点。在观测成果的处理中,应顾及视准线端点的偏差改正。

c)　采用活动觇牌法进行视准线测量时,观测点偏离基准线的距离不得大于 20 mm,并应测量活动觇牌的零位差,应在视准线一端安置经纬仪或视准仪,瞄准安置在另一端的固定觇牌进行定向,待活动觇牌的照准标志正好移至方向线上时读数。每个观测点应按确定的测回数进行往测与返测。

9.4.3　小角度法观测地质灾害地表水平位移应符合下列规定:

a)　小角度测量适用于观测点不在同一直线上或不规则的观测点。视准线应按平行于待测地质灾害监测剖面线布置,观测点偏离视准线的偏角不应超过 30″。

b)　仪器应架设在变形区外,且测站点与观测点不宜太远,起始方向与工作基点到观测点的夹角应小于 5°。

c)　当垂直角超过±3″时,应进行垂直角倾斜改正。

9.4.4　交会法及极坐标法观测地质灾害地表水平位移应符合下列规定:

a)　测角交会法宜采用三点交会,交会角应在 30°～150°之间,基线边长不大于 600 m。

b)　边角交会法、导线测量法、极坐标法进行水平位移观测时,边长不得大于 1 000 m。

c)　交会法、导线法或极坐标法的观测误差可按误差理论公式估算观测精度。

9.4.5　GNSS 观测地质灾害地表水平位移应符合下列规定:

a)　GNSS 测量法宜将观测点布设成网,监测网宜考虑图形强度,长短边不宜太悬殊。

b)　GNSS 观测时应与控制点组网联测,统一平差计算。

c)　GNSS 采用 GNSS 网最弱边相对中误差来评定观测精度,可参考按表 23 的规定确定控制点精度,降低一个等级执行。

9.4.6　对于观测内容较多的大测区或观测点远离稳定地区的测区，宜采用测角、测边、边角及GNSS与基准线相结合的综合监测方法。

9.4.7　每期观测后，应及时对观测资料进行整理，计算观测点的水平位移、水平位移差以及本周期平均水平位移量、水平位移速率和累计水平位移量。

9.4.8　地质灾害地表水平位移应提交下列图表：

a）　工程平面位置图及基准点布置图。

b）　水平位移观测点位布置图。

c）　水平位移观测成果表。

d）　时间-水平位移曲线图。

10　竖向位移观测

10.1　一般规定

10.1.1　竖向位移监测可采用几何水准、液体静力水准、电磁波测距三角高程导线和GNSS高程测量等方法。

10.1.2　竖向位移观测的级别和精度要求，应根据地质灾害监测级别、地质灾害规模、性质及变形速率的大小确定。

10.1.3　竖向位移观测应根据本标准的相关规定及时提交相应的阶段性成果和综合成果。

10.2　竖向位移观测点埋设

10.2.1　竖向位移观测的标志应根据不同地质灾害体的特点进行设计。标志应牢固、适用、美观，便于保护。

10.2.2　竖向位移观测标志的立尺部位应加工成半球形或有明显的突出点，并涂上防腐剂。

10.2.3　竖向位移观测点标志可采用浅埋标和深埋标。浅埋标可采用普通水准标石或用直径25 cm的水泥管现场浇灌，埋深宜为1 m～2 m，并使标石底部埋在冰冻线以下，点位标志、标石形式可参照附录D。深埋标可采用内管外加保护管的标石形式，标石顶部须埋入地面下20 cm～30 cm，并砌筑带盖的窨井加以保护。

10.2.4　当采用静力水准测量方法进行竖向位移观测时，观测标志的形式及埋设，应根据采用的静力水准仪的型号、结构、读数形式以及现场调解确定。标志的规格尺寸设计，应符合仪器安置的要求。

10.2.5　竖向位移观测点标志和埋设，应根据观测要求确定，可采用浅埋标志。

10.3　竖向位移观测点精度

地质灾害竖向位移观测点精度应根据地质灾害类别、竖向位移变形速率及相对高程中误差综合确定，可按表28的规定确定。

表28　地质灾害竖向位移观测点精度

监测级别	观测点高程中误差/mm	相邻观测点高差中误差/mm
一级	±1.5	±0.75
二级	±3.0	±1.5
三级	±5.0	±2.5
注：高程中误差系对相邻高程控制点而言。		

10.4 竖向位移观测技术要求

10.4.1 竖向位移监测仪器选用应符合下列规定：

a) 一级、二级监测项目宜使用不低于 DS1 型水准仪和铟钢水准标尺、铟钢条码尺。水准仪 i 角小于±15″。

b) 三级监测项目可使用不低于 DS3 型水准仪和红、黑双面木标尺，或采用全站仪三角高程测量方法，水准仪 i 角小于±20″。

c) 对精度要求不高的大面积竖向位移观测，可使用经过大地水准面精化后的 GNSS 拟合高程测量，也可直接采用 GNSS 大地高程。

10.4.2 地质灾害地表竖向位移观测的作业方法和技术要求应符合下列规定：

a) 对地质灾害监测等级为一级的地表竖向位移观测，应按本标准第 7.3 节的规定执行。

b) 对二级、三级沉降观测，允许使用间视法进行观测，但视线长度不得大于相应等级规定的长度。

c) 观测时，仪器应避免安置在有空压机、搅拌机、卷扬机、起重机等振动影响的范围内。

d) 每次观测应记载天气、人类工程活动、地质灾害体及危害对象裂缝等各种影响竖向位移变化和异常的情况。

10.4.3 每期观测后，应及时对观测资料进行整理，计算观测点的竖向位移、竖向位移差以及本周期平均竖向位移量、竖向位移速率和累计竖向位移量。

10.4.4 地质灾害地表竖向位移观测应提交下列图表：

a) 工程平面位置图及基准点布置图。

b) 竖向位移观测点位布置图。

c) 竖向位移观测成果表。

d) 时间-竖向位移曲线图。

e) 等竖向位移曲线图。

11 裂缝变形观测

11.1 一般规定

11.1.1 裂缝变形观测应测量地表及危害对象裂缝的收敛和位错，位错应包括裂缝垂直位错变形和水平位错变形。

11.1.2 裂缝变形观测可采用简易观测或专业观测的方法。当监测级别为二级或三级时可采用简易观测方法，监测级别为一级时应采用专业观测方法。

11.1.3 裂缝变形观测的级别和精度要求，应根据地质灾害监测级别、地质灾害规模、性质及变形量、变形速率的大小确定。

11.1.4 裂缝变形观测应根据本标准的相关规定及时提交相应的阶段性成果和综合成果。

11.2 裂缝变形观测点埋设

11.2.1 裂缝变形观测点宜布设在具有代表性的最大裂缝处及可能的破裂面部位。对于长度大于 2 m的裂缝不应少于 2 组观测标志，其中一组应在裂缝的最宽处，另一组应在裂缝的末端。每组应使用两个对应的标志，分别设在裂缝的两侧。

11.2.2 监测标志宜在裂缝两侧埋设固定棱镜、专用反光片或刻十字丝的金属标志，当人工无法接近或比较危险的裂缝位置，可采用记录裂缝两侧固定特征点作为监测标志。

11.2.3 根据裂缝两侧地面岩土性质不同制作稳固的监测标志。基岩可采用刻画平行线标志或粘贴玻璃片、砂浆片、金属片、石膏饼等标志；土层可采用埋设木桩、混凝土桩或钢筋等标志，标志离裂缝边缘不宜小于 30 cm，标志埋入地面深度不宜小于 50 cm，并用水泥砂浆或混凝土加固桩脚部位。

11.2.4 监测标志应稳固且具有可供量测的明晰端面、刻线或固定接触点。基岩可用砂浆、环氧树脂等建筑粘合剂粘贴的玻璃片、金属片或钻孔植入金属钩(环)等标志；土层可采用埋设混凝土桩或金属杆等标志，埋设方法应符合本标准 11.2.2 条的规定。

11.2.5 传感器和监测标志的安装应固定可靠，岩质地面可采用钻孔膨胀螺钉固定、土质地面可采用埋设混凝土桩(墩)辅助固定。

11.2.6 位错监测标志宜根据裂缝的宽度、地形条件、地质特征等条件埋设，应符合下列规定：

a) 监测标志应具有可供量测的明晰端面或中心；量测时应采取有效措施确保垂直和水平位移两个变量的准确性。

b) 监测标志安装应稳固，记录或刻画裂缝一侧标志在另一侧标志上投影或相对位置的初始值或投影点。

11.3 裂缝变形观测技术要求

11.3.1 裂缝收敛简易观测精度误差不宜低于 2 mm 或监测周期内平均变化值的 1/5。条件具备时应对钢尺、皮尺等测量工具进行标定或校准。

11.3.2 采用专业方法观测裂缝收敛应符合下列规定：

a) 采用精密钢尺、游标卡尺、百分表、收敛尺等进行人工直接量测，观测精度误差不宜超过 0.5 mm或监测周期内平均变化值的 1/10。

b) 采用测缝计、伸缩计等位移传感器测量时，传感器测量系统应预留有足够的量程，有设计预警值时，预留量程宜为预警值的 2 倍。

c) 当采用两个以上传感器组合测量时应采取有效措施确保现场组装测量系统的准确性，综合误差不宜低于 1.5%F·S，分辨率不宜低于 0.2%F·S。

11.3.3 位置比较危险或裂缝宽度比较大且人工直接量测和位移传感器监测等方法不便于操作时，宜采用全站仪等进行裂缝收敛观测。

11.3.4 采用精密钢尺、游标卡尺等进行裂缝位错观测时，观测精度不宜低于±0.5 mm 或监测周期内平均变化值的 1/10。

11.3.5 采用水准仪、静力水准仪等进行垂直位错监测时应符合本标准相关规定。

11.3.6 每期观测后，应及时对观测资料进行整理，计算裂缝变形观测点的收敛量、水平位错量和垂直位移量以及本周期平均收敛速率、水平位错速率、垂直位错速率和累计收敛量、水平位错量、垂直位错量。

11.3.7 地质灾害裂缝变形观测应提交下列图表：

a) 裂缝变形观测点位布置图。

b) 裂缝收敛观测成果表。

c) 裂缝位错观测成果表。

d) 时间-收敛曲线图和时间-位错(水平位错和垂直位错)曲线图。

12 地面倾斜观测

12.1 一般规定

12.1.1 倾斜观测可根据需要，分别或组合测定地面或危害对象的倾斜度、倾斜方向及倾斜速率。

12.1.2 地面倾斜观测的级别和精度要求，应根据地质灾害监测级别、地质灾害规模、性质及变形速率的大小确定。

12.1.3 在测量精度保证情况下，地面倾斜观测可使用除本标准规定以外的新观测方法。

12.1.4 地面倾斜观测应根据本标准的相关规定及时提交相应的阶段性成果和综合成果。

12.2 地面倾斜观测点埋设

12.2.1 地面倾斜监测剖面应布设在地质灾害体差异变形较大或地表裂缝差异变形较大的部位，观测点布设在监测剖面的两端，危害对象倾斜观测点布设应符合《建筑变形测量规范》(JGJ 8)的有关规定。

12.2.2 地质灾害地面倾斜观测点可根据不同的观测要求，使用带有强制对中装置的观测墩或混凝土标石。

12.2.3 危害对象倾斜观测点标志可采用埋入式照准标志。当有特殊要求时，应专门设计。

12.3 地面倾斜观测技术要求

12.3.1 倾斜观测精度不应超过其变形允许值的1/20或监测周期内平均变化值的1/10。

12.3.2 地面倾斜观测采用倾斜仪可直接测得地面水平倾角的变化。

12.3.3 地面倾斜观测采用水准测量方法直接测得各观测期内观测点的沉降，根据观测点的沉降差换算求得地面倾斜度及倾斜方向，地面倾斜度 α 可按下式计算。

$$\alpha=(s_A-s_B)/L \qquad (1)$$

式中：

s_A、s_B——地面倾斜方向上 A、B 两点的沉降量，单位为毫米(mm)；

L——A、B 两点间的距离，单位为毫米(mm)。

12.3.4 每期观测后，应及时对观测资料进行整理，计算观测点的倾斜量以及本周期平均倾斜速率和累计倾斜量。

12.3.5 地面倾斜观测应提交下列图表：

a) 地面倾斜观测点位布置图。

b) 地面倾斜观测成果表。

c) 倾斜曲线图。

13 监测数据处理与成果整理

13.1 一般规定

13.1.1 监测单位应及时处理、分析监测数据。

13.1.2 地质灾害地表变形监测结束后应提交完整的监测报告。

13.2 监测数据记录

13.2.1 手工记录的外业观测值和记事项目应直接记录于记录表格中，电子记录应及时保存。

13.2.2 人工手簿中任何原始记录均不允许涂改、伪造和转抄。读数和说明性文字有误时，应以单线划去，在其上方面写出正确的数字与文字，并注明原因。作废的监测数据应以单线划去，并说明原因及重测数据记录于何处。重测记录需加注“重测”二字，并注明原作废数据记录于何处。

13.2.3 电子手簿中所有原始记录在首次录入确定后不能擅自修改，如检查确定存在错误数据只能标注显示错误，并注明错误原因。重测数据另建档录入，并标注原始记录存档位置。

13.2.4 每期监测数据采集完成后，应及时对原始记录的准确性、可靠性和完整性进行检查、相互校验，并判断测量值有无异常。如有遗漏、误读或异常，应及时补测、确认或更正，并记录有关情况。

13.2.5 每期监测数据检查无误后，应及时对原始记录、影像资料进行整理，并按要求归档。

13.3 数据处理

13.3.1 监测数据采集后，应对监测数据进行预处理，剔除粗差，消除系统误差，减小随机误差。

13.3.2 由于计数或记录错误、操作不当、突然冲击振动等产生个别的粗差，采用统计的方法判别，确定后应予以剔除。

13.3.3 系统误差中的恒值系统误差采用标准量代替法或抵消法消除，线性系统误差采用标准量代替法、平均斜率法或最小二乘法消除。

13.3.4 随机误差应确定其分布参数，并设法减小标准误差。标准误差的减少可采用平均值法、排队剔除法和数字滤波法。

13.3.5 根据监测资料类别分别建立相应的监测数据库，包括地质条件数据库、地质灾害数据库和加测数据库等。

13.3.6 根据所采用的监测方法和所取得的监测数据，编制监测期内地质灾害地表变形(水平位移、垂直位移、地表裂缝收敛与位错、地面倾斜)监测曲线图。

13.4 监测报告

13.4.1 监测阶段性报告宜以简报形式为主，主要对监测数据进行整理、汇总，作出变形时程曲线，并对该时段的监测成果进行综合分析评价，提出下一阶段的监测工作安排及建议。

13.4.2 监测报告应简明扼要、突出重点、反映规律、结论明确，监测报告提纲按附录E的规定编制。

附　录　A
（规范性附录）
地质灾害地表变形监测设计书编写提纲

A.1　设计书的总体框架结构

设计书的总体框架应包括前言、监测区概况、监测网设计及实施方案等。

A.2　前言

本部分应包括以下内容：

1）　项目来源；

2）　目的和任务；

3）　编制依据。

A.3　监测区概况

本部分应包括以下内容：

1）　地质环境条件；

2）　地质灾害危害对象；

3）　地质灾害稳定状况。

A.4　地表变形监测网设计

本部分应包括以下内容：

1）　监测级别的确定；

2）　监测内容、监测网点及监测方法的选择；

3）　监测期和监测频率的确定。

A.5　地表变形监测实施方案

本部分按监测内容（地表位移、裂缝收敛与位错、地面倾斜）说明监测手段及工作方法、精度要求等。

A.6　工作部署及进度安排

根据工作目的及任务书或委托书要求，提出工作思路、工作部署原则，作出工作部署，并附相应的工作部署图。列出各项工作的工作量，说明工作进度安排。

A.7　实物工作量

文字描述或列表说明总体工作部署和各类实物工作量。

A.8　预期成果

本部分应包括地质灾害地表变形监测及预测预报提交成果（文字报告、图件等）。

A.9 经费预算

按工作手段列出支出费用及税金。

A.10 组织结构及人员安排

说明监测工作承担单位,列表说明项目组成员姓名、年龄、技术职务、从事专业、工作单位及在项目中分工和参加本项目工作时间等。

A.11 质量保障与安全措施

说明保障监测工作完成的技术、装备、质量、安全及劳动保护等措施。

附图 地质灾害地表变形监测部署图

附 录 B
(资料性附录)
地质灾害地表变形监测网点布设

B.1 崩塌、滑坡变形观测点布置

崩塌、滑坡监测网点布设,如图 B.1 所示。

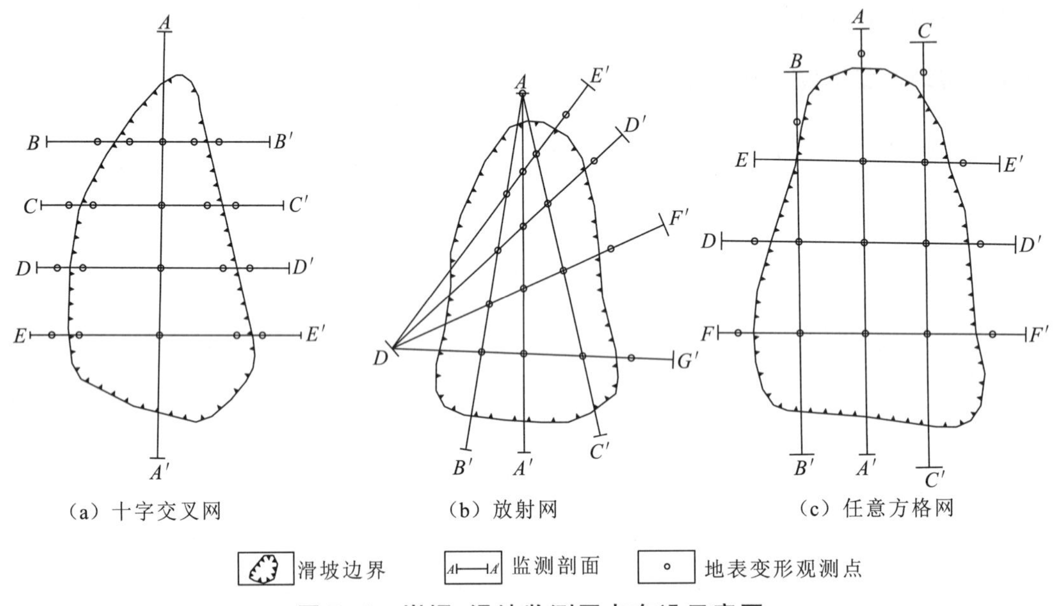

图 B.1 崩塌、滑坡监测网点布设示意图

B.2 地面塌陷观测点布点

采空地面塌陷或岩溶地面塌陷的测线根据塌陷规模、塌陷形状,对于塌陷面积较小,宜布设十字形监测线;对于塌陷形状呈长方形宜布设丰字形监测线;对于塌陷形状呈方形或圆形宜布设井字形或田字形监测线,如图 B.2 所示。

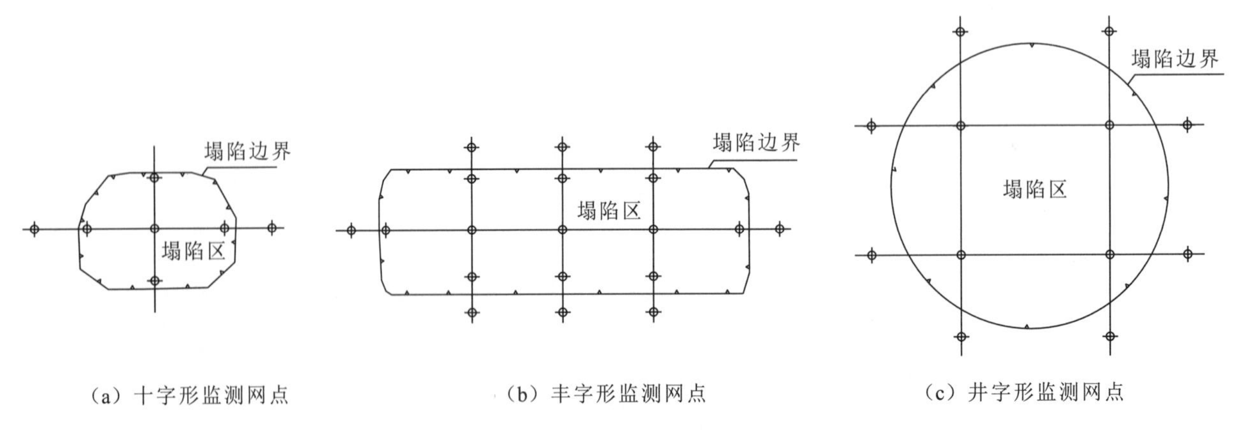

图 B.2 地面塌陷监测网点布置示意图

B.3 地面沉降监测网点布置

地面沉降观测点布设应尽量考虑不同的地质构造带、地下开采区域、地面沉降特征区域的形状和大小，应尽量组成结点水准网进行观测和平差计算，如图 B.3 所示。

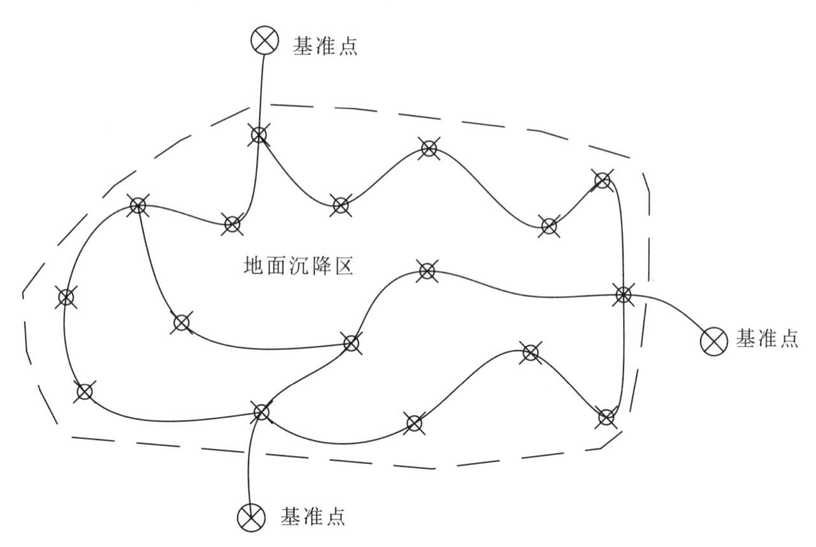

图 B.3 地面沉降监测网点布设示意图及水准观测路线

B.4 地裂缝监测网点布置

地裂缝监测影响宽度宜采用短水准剖面监测，沿地裂缝走向布设，如图 B.4(a)所示；地裂缝两侧垂直相对位移应采用水准对点监测，如图 B.4(b)所示。

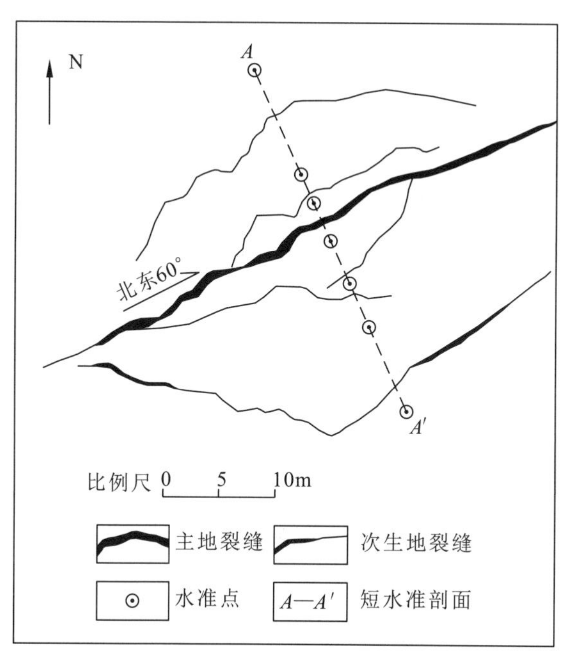

(a) 短水准剖面监测网点布设示意图

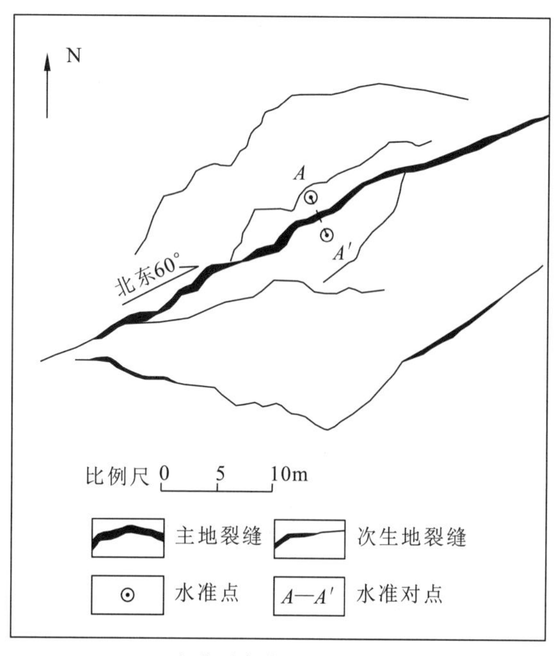

(b) 水准对点监测网点布设示意图

图 B.4 地裂缝监测网点布设示意图

附　录　C
(规范性附录)
平面点位标志、标石

C.1　点位标志

C.1.1　平面控制点标志可采用磁质或金属等材料制作，其规格如图 C.1 和图 C.2 所示。

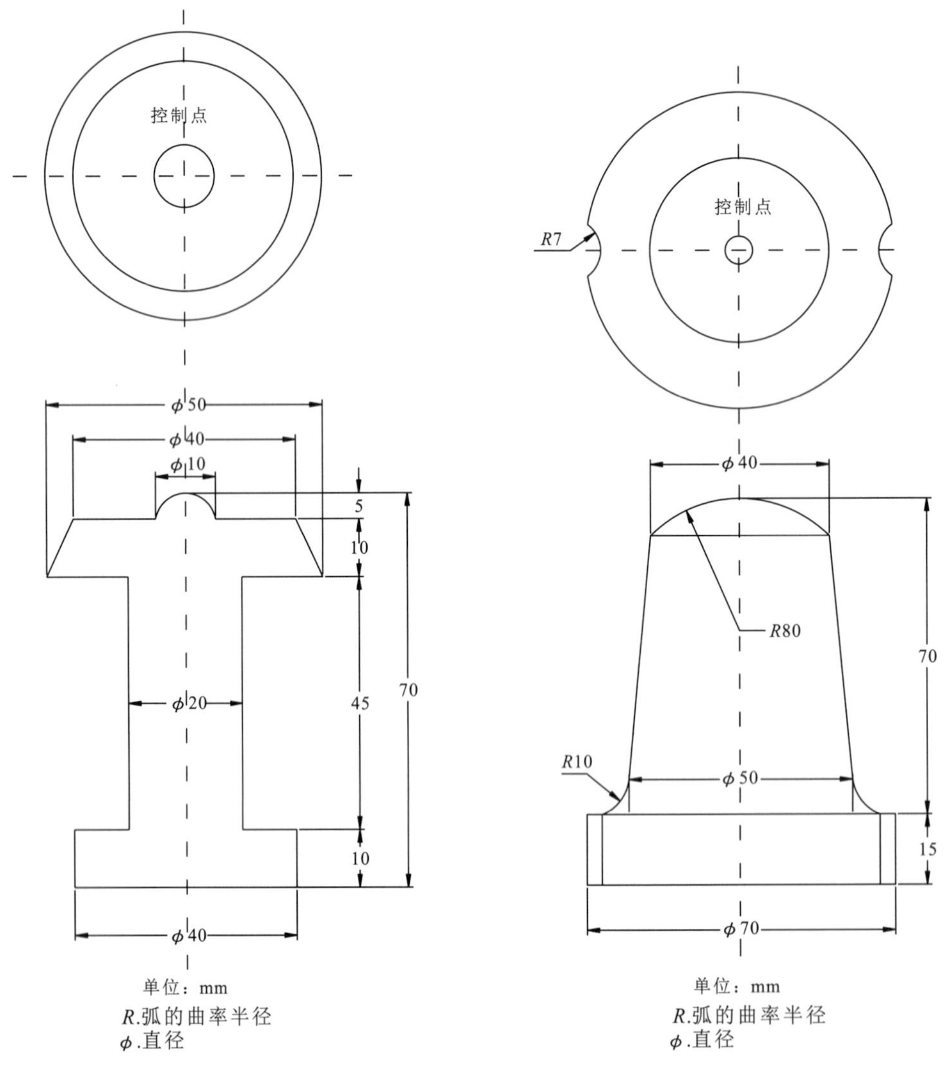

图 C.1　金属标志　　图 C.2　磁质标志

C.2　标石埋设

C.2.1　平面控制点标石应按图 C.3 的规格埋设。

C.2.2　不设置观测墩的应按三角点(导线点)的形式埋设两层标志，两层标志中心垂直投影偏差不得大于 3 mm，应按图 C.4 的规格埋设。

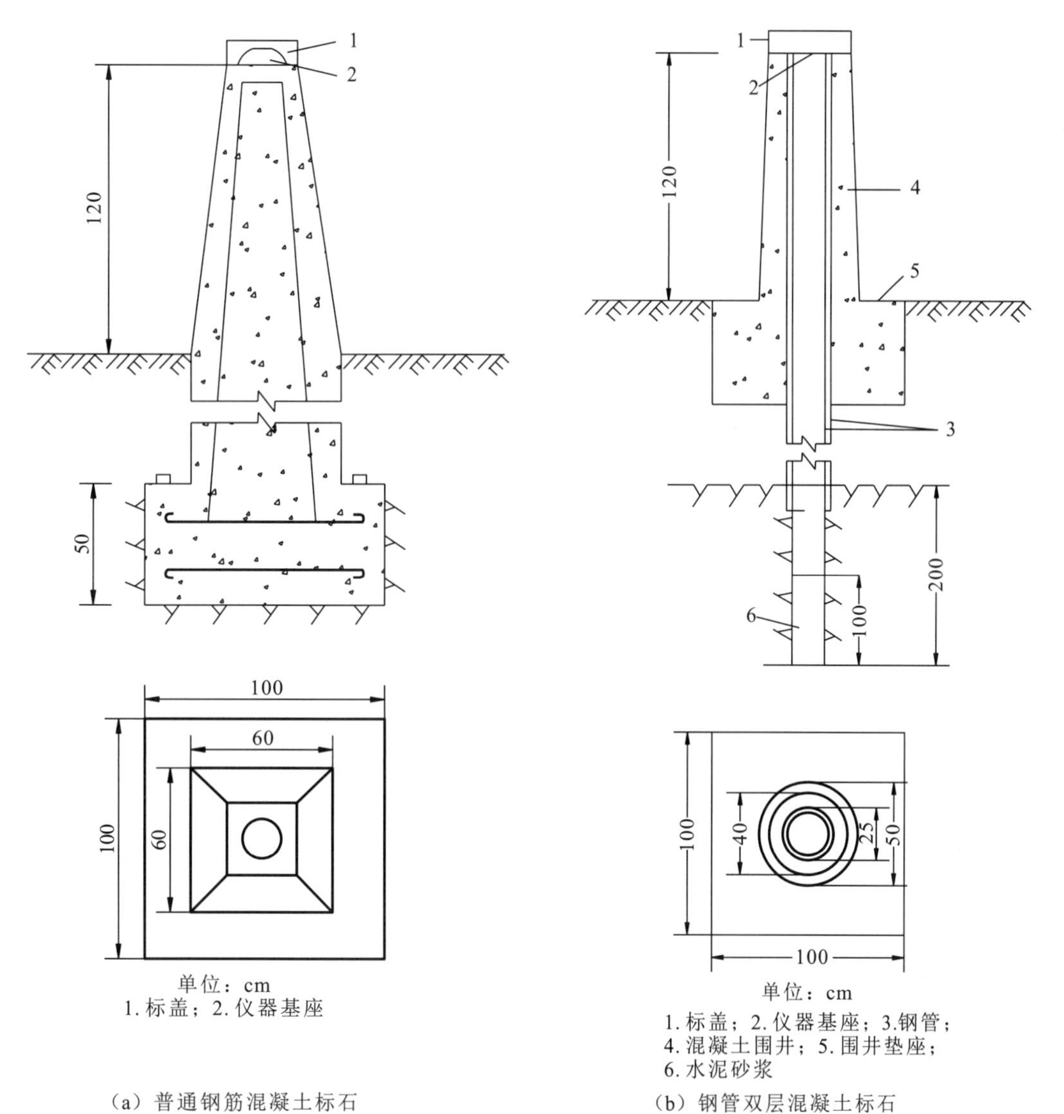

（a）普通钢筋混凝土标石　　（b）钢管双层混凝土标石

图 C.3　观测墩标石埋设图

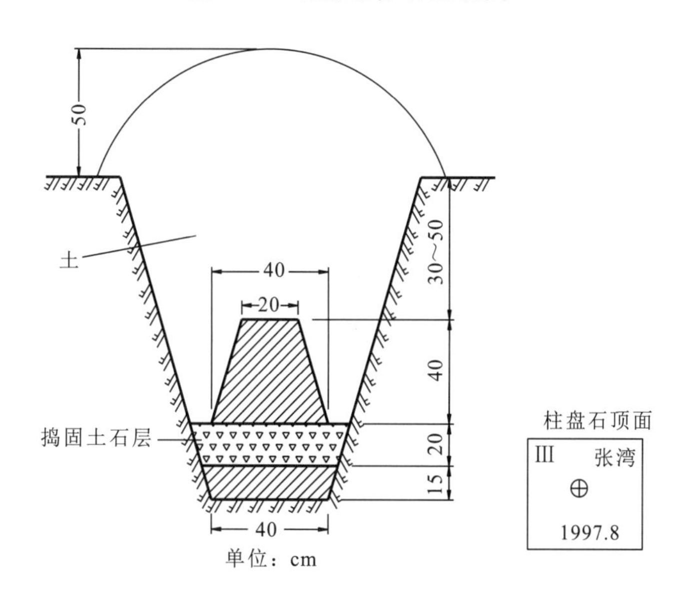

图 C.4　不设观测墩标石埋设图

C.3 水平观测墩

C.3.1 水平变形监测墩应按图 C.5 所示的规格埋设。

C.3.2 墩面尺寸可根据强制归心装置尺寸确定。

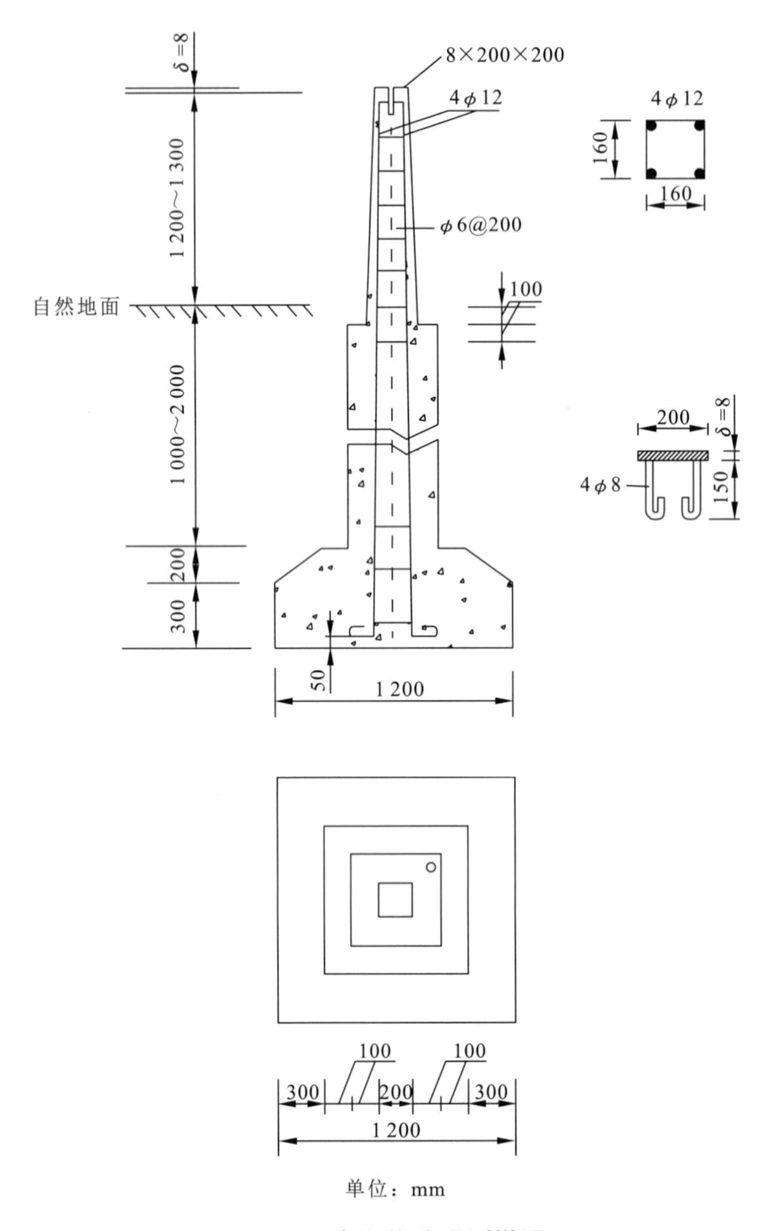

单位：mm

图 C.5 水平位移观测墩图

附 录 D
（规范性附录）
高程点位标志、标石

D.1 点位标志

高程控制点标志可采用磁质或金属等材料制作，其规格如图 D.1 所示。

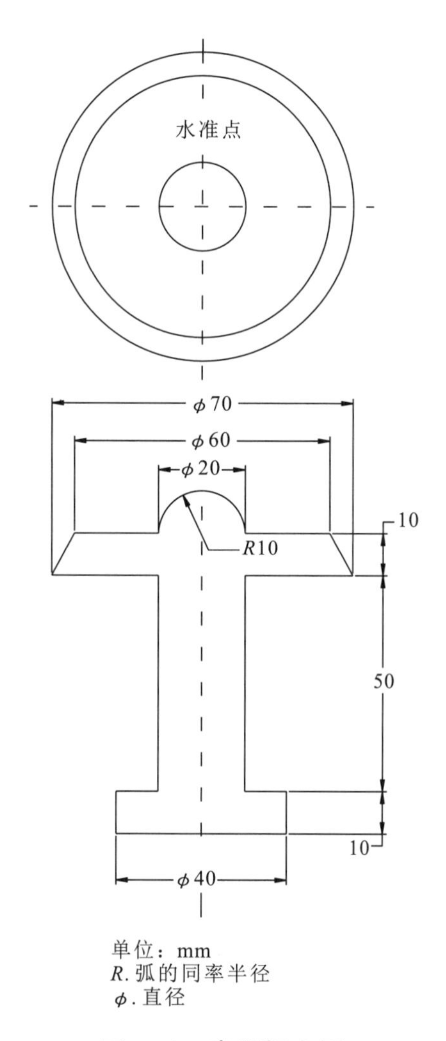

图 D.1 高程标志图

D.2 标石埋设

高程控制点标石应按图 D.2 的规格埋设。

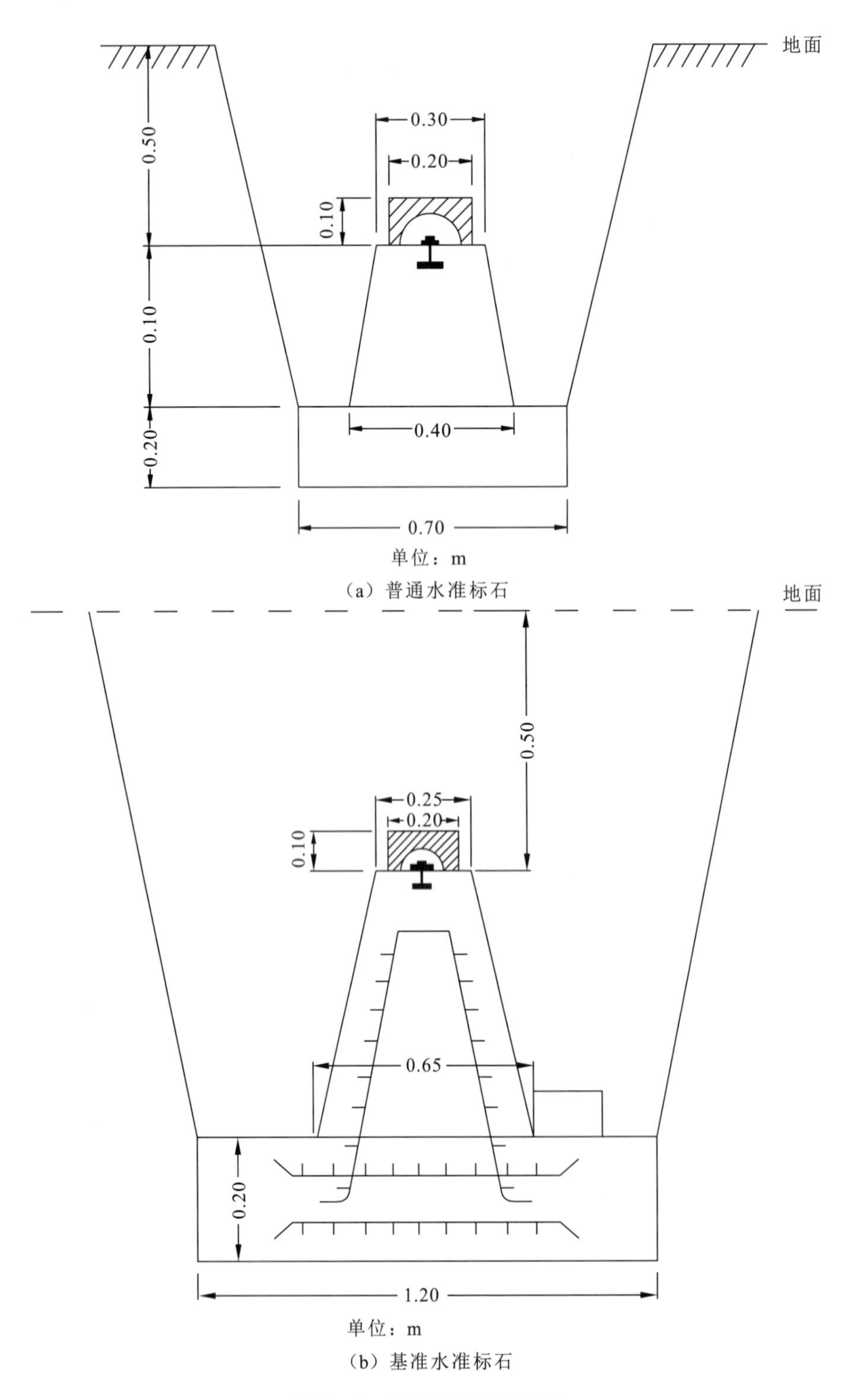

图 D.2　高程标石埋设图

附　录　E
(规范性附录)
监测报告提纲

E.1　前言

本部分应包括项目来源、目的、任务及编制依据。

E.2　监测区概况

1)　地质环境条件;
2)　地质灾害危害对象;
3)　地质灾害稳定状况。

E.3　监测网建设与质量评述

E.3.1　监测网点建设

说明监测目的任务及监测级别和监测对象、基准网布设、监测网点布设方法和优化调整情况。

E.3.2　监测方法

逐项说明实际监测采取的方法,说明使用的监测设备的名称、型号、相关参数。

E.3.3　工作量

文字描述或列表说明各类实物实际完成工作量及工作质量评述。

E.4　主要监测成果分析

说明监测数据采集的流程和误差消除的方法,编制相关表格,建立相关数据库,说明资料处理的方法,绘制相应的曲线并进行时序和相关分析。根据监测数据,分析地表变形情况。

E.5　地质灾害地表变形趋势分析

根据地质灾害地表调查和监测成果,结合地质灾害环境背景条件,分析预测地质灾害地表变形发展趋势,并分析地质灾害地表变形的影响因素。

E.6　结论与建议

根据地质灾害现状及发展趋势,有针对性地提出地质灾害防治建议和措施。

E.7　监测图件

1)　地质图;
2)　监测控制网平面布置图;

3） 变形监测点平面布置图；

4） 监测分析成果图；

5） 委托方或主管部门提出的其他图件；

6） 附录、观测记录、气象资料、测区照片等。
